画给孩子的自然通识课

极地，冰雪连天啊

童心 编

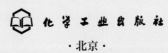

化学工业出版社

·北京·

图书在版编目（CIP）数据

极地，冰雪连天啊 / 童心编绘 . —北京：化学工业出
版社，2024.6
（画给孩子的自然通识课）
ISBN 978-7-122-45521-5

Ⅰ．①极… Ⅱ．①童… Ⅲ．①极地 - 儿童读物 Ⅳ．
① P941.6-49

中国国家版本馆 CIP 数据核字（2024）第 084771 号

JIDI，BING XUE LIAN TIAN A

极地，冰雪连天啊

责任编辑：隋权玲　　　　　　　　　装帧设计：宁静静
责任校对：王鹏飞

出版发行：化学工业出版社（北京市东城区青年湖南街 13 号　邮政编码 100011）
印　　装：北京宝隆世纪印刷有限公司
880mm×1230mm　1/24　印张 1½　字数 15 千字　2024 年 7 月北京第 1 版第 1 次印刷

购书咨询：010-64518888　　　　　　　售后服务：010-64518899
网　　址：http://www.cip.com.cn
凡购买本书，如有缺损质量问题，本社销售中心负责调换。

定　　价：16.80 元　　　　　　　　　　　　版权所有　违者必究

目 录

1　极地在哪里

2　为什么极地地区这么寒冷呢

3　奇妙的极昼和极夜

4　模样大变的北极

5　冰山真可怕

6　生活在北极地区的动物

8　毛会变色的小动物

9　独特的生存技巧

10　北极霸主——北极熊

11　北极熊的出生和长大

12　北极小丑——海象

13　什么是北极冻土带

14　繁忙热闹的"绿色天堂"

16　欢迎来到南极大陆

17　不断冒气的南极火山

18　哪些动物居住在南极海洋中

20　帝企鹅是南极真正的主人

21　极地的动物是怎样过冬的

22　巨大而危险的鲸

24　极地海洋食物链

25　冻原地带和冰面食物链

26　一起来认识珍贵的极地植物

28　谁住在冰天雪地的极地

30　快来欣赏极光吧

31　极地探险

32　危险的二氧化碳和氟利昂

冰山

冰原

大浮冰

薄饼冰

极地在哪里

极地是世界上最寒冷的地方，分别位于地球的南北两端，在南端的称为南极，在北端的称为北极。极地被厚厚的冰雪覆盖着，从遥远的太空望去，就好像是两块大大的白色斑点。这里虽然几乎看不见土壤，而且常常寒冷无比，却孕育了非常多的生命。

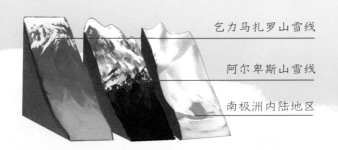

乞力马扎罗山雪线

阿尔卑斯山雪线

南极洲内陆地区

雪线

科学家常常根据雪线研究气候的变化。雪线以上地区的雪常年不融化，雪线以下地区的雪在一年中某个时间段会融化。

一片白茫茫的世界

就算你走遍整个地球，也难找到比极地更加独特的冰雪景观了。放眼望去，一片雪白，偶尔有一两个小黑点儿在远处移动，那可能是飞翔的海鸟。

为什么极地地区这么寒冷呢

在北极测到的极端低温曾达到-70℃，即使在夏季，温度也在5℃以下。极地这么冷是因为：

1. 太阳斜射南极和北极，阳光需要穿过很厚的大气层，所以到达极地的光照很少。
2. 冰层像镜子一样光滑，当阳光照到极地时，它们有效地把大部分光照都反射了回去，这样极地就更冷了。

海冰

海冰直接在海里冻结，融化后都是咸水。

冰山

冰山是一种巨型冰块。夏季，它们脱离极地冰川，发出巨响断裂，随后在洋面漂浮，融化后是淡水。

薄饼冰

漂浮的小冰块在风和海浪的作用下，相互挤压，边缘逐渐凸起。这些边缘凸起的冰块看起来就像是一块薄薄的大饼，被叫作"薄饼冰"。

大片浮冰区

薄饼冰和其他小型冰块经过相互碰撞和堆积，最后融合成大片的海冰区域。

冰原

冰原是比冰山更大的冰块，它们的面积可以达到几百平方千米。

冰川

冰川是由降雪在极地或高山地区累积形成的，是地球上最大的天然水库。

冰洞

冰川常常融化，融化的水顺着裂缝流进冰川里面，里面的冰就会跟着融化，慢慢形成冰洞。

奇妙的极昼和极夜

极地是一个很特别的地方，那里的太阳有时一整天都挂在空中，即一天24小时都是白天；有时一整天都不出来，即一天24小时都是黑夜，这就是奇妙的极昼和极夜。

在北极圈和南极圈，一年中大约有6个月是白天，大约6个月是黑夜。

模样大变的北极

地球的气候发生过极大的变化，从前相当温暖的地方，现在变得十分寒冷，比如北极。

① 很久很久以前，今日冰川覆盖的北极曾是亚热带气候，温暖又潮湿，森林茂密，植物丰富，生活着乌龟、短吻鳄和原猴等。

② 茂密的森林里又有了猛犸象、野马和剑齿虎等新的居民。

③ 随着地球气候系统的变化，如大陆板块漂移的影响，北极变冷了。天气越来越冷，许多植物枯萎，动物纷纷离去。

④ 大约300万年前，绿色的北极不见了，那里开始结冰。

⑤ 又过了100多万年，冰层覆盖了整个格陵兰岛，并不断有浮冰向外扩张。

⑥ 大约2万年前，许多动物经过白令海峡进入北极，其中就有北极熊的祖先和驯鹿。除了动物，因纽特人等土著居民也来到了北极圈。

冰山真可怕

① 冰川在高山或两极地区形成，当其边沿崩裂，落入海洋的巨大冰块就成了冰山。

② 巨大的冰山漂浮在海面上，它们缓慢地移运，人们用肉眼很难看出来。

③ 由于海洋的流动，冰山可能会向各个方向漂移。随着气温越来越高，许多都分解成了小冰块。

④ 小冰块不断地融化，最后消失。

⑤ 冰山的主要成分是淡水，水结冰后体积增大，密度减小，海水含盐量高，密度大，因此冰山会漂浮在海面上。因为淡水与海水的密度不同，整个冰山只有约十分之一露出海面，另外约十分之九没入海水中。

⑥ 1912年4月10日，庞大的"泰坦尼克"号邮轮从英国出发，驶往美国。4月15日的航行中，"泰坦尼克"号撞上冰山，不仅船裂成两半，沉入海底，还使1500多人丧生。这是人类航运史上的一次大灾难！

生活在北极地区的动物

北极虽然很冷，但是许多动物都适应了这里的气候和环境，有的动物甚至专门来到北极生活，它们一起组成了快乐的北极动物大家庭。

海鹦

一角鲸

北极燕鸥

抹香鲸

三趾鸥

白鲸

管鼻鹱

北极黄金鸻

海象

绒鸭

弓头鲸

驯鹿

麝牛

鳕鱼

鞍纹海豹

虎鲸

大比目鱼

北极狼

北极狐

环斑海豹

北极兔

旅鼠

毛会变色的小动物

北极狐

冬季，北极狐的毛是纯白色的，在冰雪中行走时，可以很好地保护自己；到了夏季，冰雪融化，它们的毛就变成了浅灰色或灰棕色。

北极兔

北极兔是北极很多大型动物的食物，为了适应雪地环境及躲避敌人，它们的毛在冬季是白色的。而生活在北极较温暖地区的北极兔，夏季时毛变成棕色。

白鼬

在冬季，生活在北极的白鼬的毛是白色的，到了夏季，它们身体背面的毛会变成棕色。

鞍纹海豹

鞍纹海豹刚出生时长着一身白色的毛，随着成长逐渐变为深色，而且长大后从背部两肩处斜向尾部的毛会逐渐变为两条黑色的带子。

柳雷鸟

柳雷鸟在冬季时，会长出白色的羽毛，而到了夏季，它们就会换上斑驳的棕色羽毛。

北极狼

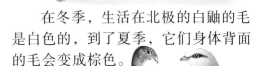

🐾 北极狼在捕食麝牛

独特的生存技巧

储存食物

北极狐很喜欢存储食物，秋季它把吃剩的食物带回窝里，到了冬天，它就可以慢慢享用了。

谨慎回巢

雪兔的巢穴不固定，每次回巢时，总会七拐八弯地绕很远，并一边仔细观察周围环境，一边后退着进巢。

迁徙

秋季天气变冷，食物减少，驯鹿成群结队地从苔原地区向南方的寒温带针叶林迁徙。

集体捕猎

北极狼捕食麝牛时，会从不同方向包抄，把麝牛围拢在一块。接着，狼群分成几个小组，轮流进攻，直到麝牛疲惫不堪时再发动突然袭击。

北极霸主——北极熊

北极熊生活在北极地区，它们是那里最大、最危险的动物之一。

瞧，我们的身体多么壮实！这是因为我们不挑食，从小小的鱼到大大的海豹，只要有肉，我们都爱吃。

不过，北极地区食物很少，为了生存，我们只能想尽法子捕猎了！

① 一只北极熊妈妈带着宝宝守在冰面的一个气孔旁，冰层下，一只海豹正游过来。

② 海豹小心翼翼地把头探出来，想要呼吸些新鲜空气。突然，一个大巴掌拍下来，海豹差点晕过去。

③ 海豹还没反应过来，北极熊妈妈迅速打碎冰层，等海豹想要逃跑时，已经被北极熊妈妈牢牢地抓住了。

🐾 北极熊捕食记

北极熊平时都是独自生活和捕猎的，不过，遇到一头搁浅的鲸鱼时，就会出现几只、十几只北极熊一起聚餐的情景！

① 通常11月是北极熊妈妈们准备生育宝宝的季节。为此它们来到覆盖着厚厚积雪的山谷中。

② 等到12月时，北极熊妈妈生下两三只小北极熊。它们刚出生时大约只有妈妈的脚掌那么大。

③ 整整一个冬季，北极熊妈妈和宝宝们都待在洞穴里。

④ 春季到来后，北极熊妈妈推开洞口的积雪，带着宝宝们来到洞外。

⑤ 北极熊妈妈时时刻刻保护着小北极熊，还教给它们生存的技能。

⑥ 两年后，小北极熊长大了，它们离开妈妈，开始独自生活。

北极熊的出生和长大

北极小丑——海象

海象的獠牙非常独特，它们长长的，从嘴巴里伸出来，是海象的好帮手。

在北极地区的海洋里，除了鲸，海象是最大的哺乳动物。它们身躯庞大，体重可重达2吨，因为其皮肤很像大象的皮肤，所以被称为海象。

在海象群中，獠牙最强的海象就是海象群的首领。

爬出水面

爬出水面时，海象利用强壮的前肢和身体爬上冰面，像冰锥的獠牙起到保持稳定和防止滑倒的作用。

挖掘工具

海象潜入海底时，一对巨大的獠牙上下挥舞，不断地挖掘泥沙，使隐藏的猎物暴露出来。

打斗武器

遇到敌人或对手时，海象就用獠牙保护自己，对付敌人。

1 皮肤有很多褶皱，很粗糙。
2 一双小眼睛几乎看不见东西。
3 长长的獠牙是海象独特的标志。
4 毛发稀疏又坚硬。
5 四肢又短又小，就像一个大大的手掌。
6 触须像细细的梳齿，可以搜寻食物。

什么是北极冻土带

1. 很久很久以前，在北极的苔原带和冰原区之间，有少量的过渡地带，随着气候的变化，尤其是气温的升高和波动，那里的冰川逐渐消融。
2. 风不断地吹来尘土和其他颗粒，堆积得越来越多，于是就形成了一片贫瘠的土地。
3. 蓝藻和真菌首先来这里定居，它们努力地改善着贫瘠的土壤。
4. 藻类和真菌逐渐繁殖，并联合起来，形成地衣。
5. 土壤里的营养物质越来越多，不断有新的植物生长出来。
6. 死亡的植物、动物及其粪便，又成了土壤中的肥料。
7. 冻土带的植物越来越多，现在每到夏季，那里生机勃勃，一片热闹景象。

地衣

地衣会释放出地衣酸，腐蚀岩石，分解里面的营养物质。

繁忙热闹的"绿色天堂"

长尾贼鸥

夏季来临，动物们纷纷前往冻土带产仔，这里出现了短暂的热闹景象。

南迁的动物

驯鹿、潜鸟、白额黑雁、穗鹏、雪鸮。

皮毛变白的动物

北极兔、北极狼、北极狐、雷鸟。

挖洞和躲藏的动物

地鼠、旅鼠。

驯鹿

夏季，驯鹿都会来到冻土带产下后代。

白鼬

旅鼠

潜鸟

滨鹬

旅鼠

旅鼠待在坑道里，一边吃存储的草根、草茎、苔藓、植物种子等，一边继续搜寻找新鲜食物。

植物

地衣、苔藓、蝇子草、羊胡子草、北极罂粟、矮柳等也都调整到过冬模式。

矛隼

当第一场雪降临，以驯鹿为首的动物们纷纷向南迁走，留下的小动物不是换上了白色的皮毛，就是挖掘洞穴，准备过冬了。

☺ 南迁的鹿群　麝牛

麝牛

麝牛可以忍受-70℃的严寒，它们用坚硬的头和蹄子打破冰层，寻找食物。

北极狐

北极兔

北极兔用脚蹬破冰层，啃食冰下的植物。

北极兔

地鼠

地鼠们挤在洞中冬眠。

雷鸟

北极狼

欢迎来到南极大陆

南极大陆在地球的最南端，那里比北极还要冷。冬季时，南极大陆的气温会降到近−90℃；夏季最热时，温度也只有零上几度。南极大陆上的生物很少，但是周围海水中生活着许多海洋动物。南极是全世界唯一没有人类定居的地方。

不断冒气的南极火山

没想到吧，在地球上最冷的地方——南极大陆，也有火山哟！

罗斯岛的厄瑞玻斯山海拔高达4023米，火山气体喷发时十分壮观，只见炽热的熔岩充满冰川，使冰川一边融化一边沸腾。

失望岛火山

罗斯岛火山

可怕的南极冰层

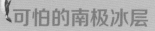

南极大陆的冰层平均厚度约为1700米，最厚的地方可以达到2800米。据科学家估计，如果这些冰层全部融化，将会使世界海平面上升大约60米，到那时，许多沿海城市都可能面临被淹没的风险。

失望岛火山

失望岛火山是一座沉睡的火山。它的中央有一条裂谷，从裂缝中冒出的热蒸气将覆盖火山的雪和冰都熏成了黑色。

海水流入失望岛后，上面的水温度升高，变成了水蒸气，而深约20厘米的海水，却依旧是冰水。

哪些动物居住在南极海洋中

跟北极地区相比，南极大陆几乎没有植物生长，海洋中的动物也少了很多，但是，这些可爱的动物们把冰雪覆盖的极地变得生机盎然。

小须鲸

长须鲸

蓝鲸

蓝鲸

蓝鲸四处寻找磷虾。

巨型海绵

乌贼

大王具足虫

南极巨海燕

信天翁

虎鲸

豹海豹

阿德利企鹅

岬海燕

韦德尔海豹

帝企鹅

虎鲸

虎鲸常常偷袭海豹，将在浮冰上休息的海豹猛地推入水中，成为自己的美餐。

磷虾

韦德尔海豹

韦德尔海豹的切齿很锋利，可以迅速地在冰层上凿出气孔。

食蟹海豹

食蟹海豹名不符实，其实它只吃磷虾，不吃螃蟹。

帝企鹅

帝企鹅是南极企鹅中个头最大的。

阿德利企鹅

阿德利企鹅是群居性动物，经常成群结队地活动。

象鼻海豹

象鼻海豹是世界上最大的海豹，它们兴奋时，鼻子会像气球一样鼓起来。

食蟹海豹

罗斯海豹

象鼻海豹

罗斯海豹

罗斯海豹在水中游泳时会关闭鼻孔，防止水进入肺部。

信天翁

有的信天翁能活到60岁，它们一生中大部分时间都在海洋上空飞翔。

海鞘

冰鱼

海蜘蛛

海星

帝企鹅是南极真正的主人

帝企鹅，又叫皇帝企鹅。它是南极企鹅中个头最大的，而且不管夏季还是冬季，它都不会离开南极，所以，它是南极真正的主人。

帝企鹅的成长故事

① 寒冷的冬季到了，帝企鹅夫妇们开始寻找产卵的地方。

② 几个月后，企鹅妈妈产下一枚梨形卵。它把卵宝宝交给企鹅爸爸，就去很远的浮冰区捕猎了。

③ 企鹅爸爸将卵放在自己的脚上，用腹部下端的皮肤把蛋盖住。为了保持蛋的温度，它们一直站着，不吃饭，不睡觉。

④ 大约两个月后，企鹅宝宝出生了。

⑤ 企鹅爸爸和企鹅妈妈轮流捕食，照顾小宝宝。

⑥ 夏季到来，冰层开始融化，小企鹅开始第一次换毛。

⑦ 小企鹅的皮毛换成了可以防水的，终于它们可以像爸爸妈妈那样下海了。

北极燕鸥

为了躲避极地的寒冷天气，每当北极进入冬季，北极燕鸥就会不远万里飞到南极，那里正好是夏天；当南极进入冬季时，它们又飞回北极。所以，北极燕鸥是世界上迁徙距离最远的鸟。

鲸

大个头的鲸利用厚厚的脂肪层来防寒。

麝牛

麝牛群为了取暖，会集结在一起，形成一个圆形的壁垒，抗御寒冷。

极地的动物是怎样过冬的

南极冰鱼

生活在南极的鱼身体里有一种类似于"防冻剂"的蛋白质，即抗冻蛋白。这种蛋白可以有效防止体液结冰，保护其免受冷冻伤害，从而在极寒环境中存活。

北极熊

北极熊的皮毛可以防风御寒。不过，北极熊妈妈还是会挖一个大洞，带着宝宝躲进洞里。

巨大而危险的鲸

根据进食的方式不同，鲸可分为两大类，一类是齿鲸，另一类是须鲸。

你知道哪些鲸是齿鲸吗？

瞧，那些长着锋利的锥形牙齿，可以捕食鱼类、海豹、乌贼和海鸟的鲸就是齿鲸。齿鲸非常合群，常常一家人生活在一起。

虎鲸

虎鲸是最大的齿鲸，它们可以长到约10米长，生活在世界的各个海洋中。虎鲸成群捕猎，有时会突然掀翻浮冰，使趴在上面的海豹和企鹅落入海中，这样就能轻松地捕获它们了。

抹香鲸

抹香鲸常常几头一起行进。在极地水域中，抹香鲸与大王乌贼的激烈搏斗每次都让人看得惊心动魄。

白鲸

白鲸是一种中等体型的齿鲸，生活在北极地区。这种鲸可以发出各种不同的叫声，因此被称为海中"金丝雀"。

露脊鲸

露脊鲸彼此非常信任，常常组成一支队伍沿着海岸巡游，把猎物围拢在一块。

格陵兰鲸

格陵兰鲸终年生活在北极地区。它们的鲸须排列得比较紧密，主要食物是只有几毫米大小的凤螺和桡足类动物。

长须鲸

长须鲸的体形只比蓝鲸小哟！长须鲸的鲸须排列得很稀疏，常常吃几厘米大小的磷虾。

哪些鲸属于须鲸呢？

瞧，它们张开大大的嘴巴游了过来，没有锋利的牙齿，在上腭两侧长着像梳齿一样的须。现在，我们来认识一下须鲸吧！

蓝鲸

蓝鲸是世界上最大的动物。

极地海洋食物链

鲸

鸟

北极熊

企鹅

海豹

海象

鱼

鱼、虾、水母

小鱼、螃蟹

浮游植物

"海藻汤"是极地
动物生存的基础。

浮游植物（硅藻、衣藻、蓝藻等海藻类）

贻贝、蛤、海螺

因纽特人

雪鸮

旅鼠

北极狼

北极兔

植物

冻原地带和冰面食物链

一起来认识珍贵的极地植物

极地是一个非常寒冷的地方，但是，许多植物抓住极地短暂的夏天，顽强地生长下来，像一颗颗五颜六色的宝石闪耀在"白色沙漠"中。

叠层石

蓝藻和细菌混合在石灰泥里形成叠层石，有的高达数米。叠层石可能是地球上最古老的生命活动的证据或痕迹。

羊胡子草

开着白色小花的羊胡子草，常常生长在北极冻土地带的水源旁边。

地衣和苔藓

在北极圈地区的山谷和潮湿地方，生长着苔藓和地衣，它们虽然无法养活大型食草动物，却是螨虫和昆虫（如弹尾虫等）的乐园。

挪威虎耳草

挪威虎耳草开花很早。它们一大片地生长，齐心合力地抵抗极地强风。

许多极地植物体内的液体只在温度低于-38℃时才会被冻结。它们会在短暂的夏天里拼命地生长。一些植物无法在短时间内结出果实,它们就会不断地积蓄能量,直到几年后才结果、成熟,繁衍生命。

北极罂粟

北极罂粟总是向着太阳开放,并随着太阳移动,这样可以收集阳光,保证种子快快成熟。

蝇子草

俄罗斯的科学家从深大约40米的冻土中发现了蝇子草的种子,研究后发现,这些种子已经在土壤里沉睡了约3万年,种植后,这些种子还能发芽、生根,实在令人惊奇。

矮柳

北极苔原有一种矮柳,它们贴着地面生长,虽然只有2~3厘米高,却有和其他大树一样的树干和树叶!这种树应该是世界上最矮的树了。

谁住在冰天雪地的极地

南极地区没有人长时间居住，虽然科学考察站里有人驻守，但常常会轮换。而北极地区，不仅有人一辈子都生活在那里，还有不同国家的若干城市。

萨米人

萨米人也叫拉普人。他们身材矮小，皮肤淡褐色，颧骨高高的。很早以前的萨米人赶着鹿群，带着帐篷在北极冰原上过着游牧式的生活。

因纽特人

因纽特人，是北极地区的土著居民，以狩猎为生。因纽特人的房屋有石屋、木屋和冰屋，其中冰屋最有特色。

楚科奇人

楚科奇人是生活在北极地区的俄罗斯少数民族。

圣诞老人村

芬兰是圣诞老人的故乡，而距离芬兰的罗瓦涅米城大约8千米的北极圈中，还有一个圣诞老人村。这个村子的房屋全部用木头建造，有邮局、圣诞老人办公室、礼品店、鹿园等。游客们来到这里，不仅可以拜访圣诞老人，还可以得到一张跨越北极圈的证书。

圆顶冰屋

因纽特人在外出狩猎时，常常会搭建一种冰屋作为临时休息的地方。冰屋虽是用冰雪建的，却能隔热保温，很好地抵御寒冷。下面，一起学习怎么建造冰屋吧！

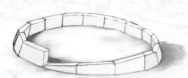

❶ 将雪堆积、压实成冰块，并打好地基。

❷ 按螺旋向上的方式，层层放置冰块。

❸ 冰屋盖好后，用雪密封冰块间的缝隙。

❹ 砌上临时出入口，再挖通冰屋入口，就可以进冰屋休息啦！

29

快来欣赏极光吧

　　生活在极地的人们，常常可以看见高高的空中有大大的幕布，绿色的、金黄色的、紫红色的、银色的……它们悬浮着，美丽又壮观，这就是极光。极光现象是受太阳活动影响而产生的。

极光从哪里来？

① 地球被一个巨大的磁场包围着。

② 太阳喷射出带电粒子流，它们在宇宙中四处奔跑，所以也叫"太阳风"。

③ 一部分"太阳风"被地球磁场吸引过来。

④ 南极和北极的磁场最"强大"，引导"太阳风"在极地奔跑。

⑤ 当"太阳风"和地球大气层发生碰撞时就产生了五彩斑斓的极光。

为什么极地的天空有许多太阳呢？

　　在两极，空中悬浮的无数冰晶反射日光，造成错觉。因此，在极地的人们有时会感觉天空中悬挂着好多月亮和太阳！

极地探险

极地是一个非常神秘的地方，那里无比寒冷，荒凉又寂静，这激发了许多科学家的想象和探索欲望。

◎ 建造居住的帐篷

南极考察站

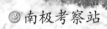

◎ 南极考察站

站房是科考队员们居住的地方，在里面可以避风、防寒、防雪、防火等。

❶ 1773年，英国航海家詹姆斯·库克率领船队跨越了南极圈，这是人类历史上第一次实现这样的壮举。

❷ 1909年4月6日，美国人罗伯特·皮尔里到了北极点。他是世界上第一个到达北极点的人。

随着破冰船的发明，人类在极地的行进更加安全。游客们站在破冰船上，可以从容地欣赏极地风光啦！

◎ 破冰船

◎ 罗伯特·福尔肯·斯科特和同伴们

❸ 罗尔德·阿蒙森是世界上首位抵达南极点的人，他率领探险队于1911年12月14日到达南极。

❹ 1910年，英国人罗伯特·福尔肯·斯科特和同伴们向南极出发。他们虽然成功到达南极点，却在返回的途中，由于饥饿和疲劳全部丧生。

◎ 英国航海家詹姆斯·库克

31

危险的二氧化碳和氟利昂

二氧化碳

1. 地球上空的二氧化碳含量越来越多，就像一个罩子。
2. 地面反射的太阳光被阻挡回来。
3. 地球变得越来越热。
4. 许多年后，极地冰川融化，海平面上升，很多沿海城市将被淹没。

氟利昂

1. 地球上空有一层厚厚的臭氧，它像雨伞一样撑在地球上，阻挡紫外线，保护人类。
2. 使用电冰箱、空调、清洁剂等时，排放出氟利昂。
3. 氟利昂一直上升到大气层，经过阳光的照射，破坏臭氧分子。
4. 强烈的紫外线穿过臭氧洞，辐射着生活在极地的人和动物，慢慢地，这里的人开始生病，动物们开始死亡……